# は じ め に


　川原は魅力的な場所です。広々とした川原ときれいな水の流れ、そして川原には様々な色や形の石ころが広がっています。この水と石との混じりあう場所が川原です。私たちは川原に出ると自然のなかに入り込み解放された感覚になります。それは川原の石ころの存在にもよります。

　石は私たちの歴史よりはるかに長い生い立ちを持っています。川原に集まった石ころたちは何億年も何千万年もの年月を経て今、私たちの目の前に長寿命の姿を見せています。

　石ころはいろいろな色や模様や形をしています。また、川によってその様子も異なることがわかります。なぜこのような色や模様や形をしているのだろうか、どのような歴史を経てこの川原に到達したのだろうか、など石ころを眺めているといろいろな疑問が出てきます。川原の石ころは私たちにその地域や上流地域の土地や山の生い立ちなどの地球に関するいろいろな情報を伝えてくれています。しかし、それを聞く耳を持たなければ情報を聞き取ることができません。その第一歩は川原に出て石を触ってじっくり眺めてみることです。手触りの違い、目で見分けられる色と模様や形の違いを確かめてください。

　本書はこのようなときに手助けになるように、それぞれの川に出かけたときによく目につく石ころの名前を載せました。またその名前からその石のでき方もわかるようにしました。

　川原の石たちはあなたを待っています。さ、お出かけください。


柴山元彦

関西地学の旅⑫　川原の石図鑑　目次

はじめに　1
川原で石を見分けるには　4

| | | | | |
|---|---|---|---|---|
| **大阪府** | 01 **大和川** | 国豊橋 | 柏原市国分本町 | 8 |
| | 02 **石川** | 玉手橋 | 柏原市石川町 | 12 |
| | 03 **猪名川** | 絹延橋 | 池田市木部町 | 16 |
| **兵庫県** | 04 **円山川** | 舞狂橋 | 養父市八鹿町舞狂 | 20 |
| | 05 **千種川** | 隈見橋北側 | 赤穂郡上郡町井上 | 24 |
| | 06 **揖保川** | 龍野新大橋 | たつの市竜野町日山 | 28 |
| | 07 **武庫川** | 生瀬 | 西宮市青葉台 | 32 |
| | 08 **明石川** | 茶園場町 | 明石市茶園場町 | 36 |
| | 09 **市川** | 日出町 | 姫路市日出町 | 40 |
| | 10 **加古川** | 万歳橋下流 | 小野市黍田町 | 44 |
| **京都府** | 11 **由良川** | 桜橋東側 | 福知山市前田 | 48 |
| | 12 **木津川** | 渦之樋樋門 | 木津川市加茂町 | 52 |
| | 13 **高野川** | 花尻橋 | 京都市左京区八瀬花尻町 | 56 |
| | 14 **桂川** | 松尾橋 | 京都市右京区梅津大縄場町 | 60 |
| | 15 **鴨川** | 西賀茂付近 | 京都市北区西賀茂下庄田町 | 64 |
| **滋賀県** | 16 **瀬田川** | 鹿跳渓谷 | 大津市大石 | 68 |
| | 17 **安曇川** | 野尻 | 高島市朽木野尻 | 72 |
| | 18 **野洲川** | 近江富士大橋 | 野洲市野洲 | 76 |
| | 19 **鈴鹿川** | 河川緑地 | 鈴鹿市庄野町 | 80 |

| | | | | |
|---|---|---|---|---|
| 三重県 | 20 五十鈴川 | 御側橋 | 伊勢市中村町 | 84 |
| | 21 北山川 | 瀞大橋 | 熊野市紀和町小川口 | 88 |
| | 22 銚子川 | 魚飛橋 | 北牟婁郡紀北町木津 | 92 |
| | 23 櫛田川 | 須原親水広場 | 多気郡多気町古江 | 96 |
| | 24 宮川 | 宮リバー度会パーク | 度会郡度会町 | 100 |
| | 25 雲出川 | 伊勢石橋駅付近 | 津市一志町高野 | 104 |
| | 26 員弁川 | 天王橋 | いなべ市北勢町麻生田 | 108 |
| 奈良県 | 27 飛鳥川 | 明日香 | 橿原市四分町 | 112 |
| | 28 吉野川 | 千石橋 | 吉野郡下市町 | 116 |
| 和歌山県 | 29 丹生川 | 丹生橋 | 伊都郡九度山町入郷 | 120 |
| | 30 古座川 | 古座川町役場 | 東牟婁郡古座川町高池 | 124 |
| | 31 熊野川 | 新宮城跡 | 新宮市船町 | 128 |
| | 32 紀の川 | 橋本橋 | 橋本市賢堂 | 132 |
| | 33 富田川 | 鮎川 | 田辺市鮎川 | 136 |
| | 34 日置川 | 北野橋 | 田辺市中辺路町近露 | 140 |
| | 35 有田川 | 宮原橋 | 有田市宮原町新町 | 144 |

おわりに　149

＊石の大きさは長径を表しています。

# 川原で石を見分けるには

　川原に出るといろいろな種類の石があり、それぞれがどのような名前の石かがなかなかわかりにくい。しかしもし名前がわかるとその石に親しみが出るとともに、その石の生い立ちもが想像できるようになる。さらに進めばその石の源である上流の山の生い立ちまでわかるかもしれない。

　ではどのようにしたら石の名前がわかるのだろうか。中学校で学ぶ石の種類などを中心に大よそ区別ができる方法を紹介しよう。

## 石の形＋色でまずある程度名前を絞ろう

①平たい形になりやすい石

| 模様 | 色 | |
|---|---|---|
| Ⓐ縞模様 | 灰色〜黒 | 泥質片岩　黒雲母片岩 |
| | 白 | 石英片岩　白雲母片岩 |
| | 緑 | 緑泥石片岩　緑簾石片岩 |
| | 赤 | 紅簾石片岩 |
| | 藍 | 藍閃石片岩 |
| Ⓑ無地 | 黒 | 千枚岩 |
| | 白〜淡褐色 | 粘板岩 |

②ブロック状や球状になりやすい石

| 模様 | 色 | |
|---|---|---|
| Ⓐ 同じ大きさの粒でできている | 黒っぽく見える | 斑れい岩　泥岩 |
| | 白と黒が同量に見える | 閃緑岩 |
| | 黒い点がまばらに見える | 花こう岩 |
| | 白〜灰色の粒の集まり | 砂岩 |
| | いろいろな色の粒の集まり | れき岩　凝灰角れき岩 |
| Ⓑ 斑点がみられる | 黒っぽく見える | 玄武岩 |
| | 白と黒が同量に見える | 安山岩 |
| | 白色に見える | 流紋岩 |
| Ⓒ 縞模様がある | 白と黒の縞 | 片麻岩　砂岩 |
| | いろいろな色 | 流紋岩　チャート　大理石 |
| Ⓓ 無地 | 黒 | ホルンフェルス　泥岩　黒曜石 |
| | 白 | 石英塊　石灰岩　凝灰岩 |
| | 赤 | チャート　鉄石英塊 |
| | 緑 | 緑色岩　チャート |
| | 淡紫 | 緑色岩 |
| | 灰色 | 砂岩　チャート |

## ま と め

| A | 斑れい岩 閃緑岩 花こう岩 | 深成岩 （地下の深い所でゆっくり固まった） |
|---|---|---|
| **火成岩**（マグマが冷え固まった石） | 玄武岩 安山岩 流紋岩 | 火山岩 （地表付近で冷え固まった） |

＊火成岩にはこれらの石の中間の石もある。

| B | れき岩 砂岩 泥岩 | 岩くずの集まり |
|---|---|---|
| **堆積岩**（水底などにたまってできる） | 石灰岩 チャート | 生物の遺骸の集まり |
| | 石灰岩 チャート | 化学的な沈殿 |
| | 凝灰岩 凝灰角れき岩 | 火山灰など堆積 |

| C | ホルンフェルス 大理石 | 熱で変化 |
|---|---|---|
| **変成岩**（AやBの石が熱や圧力で変化した石） | 千枚岩 結晶片岩類 片麻岩 | 圧力で変化 |

## 本書に登場する近畿の35河川

●は石を観察したポイント

# 大和川 Yamatogawa

## 国豊橋 Kunitoyobashi
柏原市国分本町

大和川の国豊橋付近の川原。左奥に大和路線の電車が見える

　大和川は奈良県桜井市の北東部に源を発し、奈良盆地をへて金剛葛城山地、生駒山地の間の亀の瀬渓谷を通り、大阪平野を西流し大阪湾にそそいでいます。昔の大和川は河内平野を北流し、天井川であったため度々氾濫を起こしました。江戸時代に大阪府柏原市安堂辺りで大規模な付け替え工事が行われ現在のように西へ流れています。

ここ河内国分あたりは川幅が広く、川原は生駒山地からの、花こう岩、斑れい岩などがみられ、また、川の南側にある二上山からの流紋岩、安山岩や玄武岩がみられます。安山岩の中で特別な讃岐岩（サヌカイト）が見つかります。サヌカイトは古くは石器として使われていました。形が細長いものはキンキンとした金属音がするのでカンカン石ともよばれます。その他、黒い表面に多くのガスの抜けた後のある玄武岩や凝灰岩、堆積岩のチャートといった岩石も見られます。

サヌカイト　8cm
香川県ではカンカン石と呼ばれる

**交通**　近鉄大阪線河内国分駅下車北へ国豊橋をめざし橋の手前から東へ徒歩5分。

サヌキトイド　10cm

閃緑岩　12cm

斑れい岩　9cm

**流域の地質** 　大和川流域に分布する岩石は、約1億年前の花こう岩、花こう閃緑岩や閃緑岩、約1500万年前の流紋岩や安山岩などです。またこれらの火山岩や花こう岩のなかにはガーネットを含むものがあるため、川原の砂の中にもガーネットがみられます。

**寄ってみよう** 　近くの国分神社奥に**松岳山古墳**があります。全長約130mの前方後円墳です。

田井

## 02 石川 Ishikawa

### 玉手橋 Tamatebashi
柏原市石川町

石川にかかる赤い吊り橋が玉手橋

　石川は南葛城山より発して金剛葛城二上山のふもとの、南河内地区を北流し大和川に合流する一級河川です。石川の流れる流域は、河岸段丘あり、急流ありで変化に富んでいます。柏原市国分あたりでようやく大和川と合流します。
　この川原の石は主に砂岩、れき岩やチャート、花こう岩、凝灰岩です。

玉手橋は珍しい吊り橋で、登録有形文化財となっています。近くには聖徳太子ゆかりの近つ飛鳥や古市古墳群があります。また、石川の周囲では昔から蜜甘、葡萄の栽培が盛んで、特に南阪奈道路より眺める二上山の景色は雄大です。太子温泉もありちょっとのんびりできるところです。

きれいな赤チャート　7.5㎝

交通　近鉄南大阪線道明寺駅で下車、駅を出て左へ行くとすぐ南側にある踏切りを渡ります。そのまま東へ向い堤防にでると右に吊り橋が見えます。

花こう岩　9cm

れき岩　7.5cm

石英塊　7.5cm

凝灰質流紋岩　6cm

凝灰岩　10cm

安山岩　5cm

大阪府

赤チャート　4cm

黒チャート　6cm

砂岩　8cm

**流域の地質**　石川流域に分布する岩石は約1億年前の花こう閃緑岩や片麻岩、約6500万年前の砂岩や泥岩、約1500万年前の流紋岩やデイサイトが分布するほか、新生代第四紀の砂、泥、れき層がみられ、れき層などに含まれるチャートれきなども川原には含まれます。

**寄ってみよう**　この付近は石川を挟んで西側に豊臣方、東側に徳川方が陣取り大坂夏の陣の戦いが行われた**道明寺古戦場あと**です。

♪田井

# 猪名川 Inagawa

## 絹延橋 Kinunobebashi

池田市木部町

能勢電鉄絹延橋駅近くの猪名川の川原（中央の石の手前は兵庫県）

　その昔、機織りの技術を伝えに、はるばる大陸からやってきた二人の織姫がいました。この地にはこんな伝説が伝わっています。呉の国に、呉織（くれはとり）と漢織（あやはとり）という名の姉妹がいました。応神天皇の時代にこの国に招かれ、船に乗って猪名川を遡りやってきた二人の織姫は、ここ絹延橋の少し下流にある「唐船が淵」という川港に到着しました。そしてそこに建てられた機殿（はたどの）で、機織りや染色や

縫製技術をこの地の人々に伝えたといいます。

　周辺にはこの伝説に因んだ地名や旧跡が数多く残っています。この絹延橋もその織姫伝説のイメージなのでしょう。染め上げられた絹が清らかな水に晒され、流れにたゆとうている情景が彷彿とする、美しい名です。能勢電鉄の絹延橋駅から東へ100mの所で大阪府と兵庫県を結んでいます。

　河川敷に沿って敷かれている遊歩道の階段を降りれば簡単に川原へ出ることができます。川原に降りるとすぐに目に飛び込んでくるのが、5mほどもあろうかという巨大な黒っぽいチャートです。その大きさに驚きながら足元に目を移すと、同じような黒っぽいチャートのほかに、閃緑岩や流紋岩、うす桃色の凝灰岩という火山岩が多く目に入ります。上流に多田銀山などの鉱山があることもあり、黄鉄鉱や黄銅鉱等の金属鉱物を見つけることもでき、よく探せば孔雀石や紫色の蛍石もあります。駅から100mと近く、なにより明るい川原なので散策にはうってつけです。

大阪府

うす桃色の凝灰岩　14cm

**交通**　能勢電鉄絹延橋駅から東へ徒歩すぐ

大阪府

鉄滓　4cm

いろいろなチャート　3〜10cm

泥岩　8cm

層状の泥岩　16cm

石灰岩　21cm

花こう斑岩　23cm

**流域の地質**　ここより上流には約2億6000万年前の砂岩、約1億7000万年前の砂岩や泥岩、約7000万年前のデイサイトや流紋岩と閃緑岩などが分布しています。

♪藤原

019

# 円山川 Maruyamagawa

## 舞狂橋 Bukyobashi
養父市八鹿町舞狂

円山川の川原と舞狂橋

　JR八鹿駅の前を流れる円山川を2kmあまり遡ったところに、舞狂橋という一風変わった名の橋がかかっています。その橋のたもとにある広大な丸石河原には、県道から車のままおりていくことができます。歩いて行くなら八鹿駅から30分ほど、軽い運動にはちょうど良い距離です。
　この川はとにかく石の種類が多く、なかでも、安山岩、玄武岩、

兵庫県

流紋岩、花こう閃緑岩あたりが目立ちます。玄武岩は表面がつるつるになっているものと、多孔質のものとがあります。穴はガスが抜けた跡です。いずれも斜長石の小さな斑晶がみられます。安山岩は灰色が多く、斜長石の斑晶が玄武岩よりも大きいです。花こう閃緑岩や斑れい岩等もよくみられます。岩石ではありませんが、砂岩の表面に緑簾石が結晶しているものや、珪化木や水晶等も見られます。特筆すべきは、このあたりの水晶や石英には紫色のものがみられるということです。うっすらと紫に色づいたような石英塊を割ってみると、内部に紫水晶や紫石英が見られることもあります。岩石の観察とともにこちらも楽しんでみてください。

紫石英が入った石英塊

上の石英塊の穴の中に水晶もできています

交通　JR山陰本線八鹿駅下車。徒歩で県道169号を南へ八木川の手前で山陰線のガードを抜けて国道312号で円山川に沿って上流へ行くと舞狂橋に出ます。

021

チャート　18cm

花こう斑岩　16cm

花こう岩　15cm

花こう斑岩　21cm

珪化木　6cm

砂岩　14cm

兵庫県

砂岩泥岩互層　15cm

玄武岩　17cm

閃緑岩　18cm

流紋岩　13cm

**流域の地質**　上流に見られるのは、約2億7000万年前の砂岩や泥岩、約2億5000万年前の斑れい岩、約1億7000万年前の砂岩、泥岩やチャート、約8000万年前の花こう岩、玄武岩、安山岩や流紋岩など、火成岩や堆積岩のいろいろな石です。

♪藤原

# 05 千種川 Chikusagawa

## 隈見橋北側 Kumamibashi

赤穂郡上郡町井上

千種川の川原と愛宕山

　播磨灘に流れ込む主な5本の河川を播磨五川といいます。すなわち、加古川、市川、夢前川、揖保川と、この千種川です。千種川は、その美しい清流と豊かな水量とで知られ、天然のイワナが生息し、夏でも涸れない川として昔も今もこの地に大いなる恵みをもたらしています。
　明るく開けた川沿いの道を歩いて行くのはとても気持ちが良い

兵庫県

ものです。川鵜や白鷺といった水鳥たちが岸辺に憩っているのを眺めながら川をさかのぼること20分あまり。適当な川原を探して降り立ちます。

まず目にとまったのは流紋岩です。白い石英が入っています。いくつかの流紋岩を観察していると、その中に1つだけ、石英の色が白ではなく紫になっているものがありました。周辺を探してみたが、狭い範囲内では同じものを見つけることはできませんでした。範囲を広げて探せば見つけられるかもしれません。数が多いのは花こう閃緑岩です。安山岩には白い斜長石の結晶がみられます。玄武岩は安山岩の斑晶よりももっと小さい斜長石や輝石などが観察できます。

流紋岩　20cm

交通　JR山陽本線上郡駅より北へ徒歩20分

石英を含む流紋岩　10cm
紫石英になっているタイプ
左の紫石英部分の拡大

**流域の地質**　この地点より上流には、約2億6000万年前の斑れい岩や砂岩や泥岩、約8000万年前の花こう閃緑岩、安山岩、デイサイトや流紋岩、約4000万年前の非海成のれき岩などが分布します。

**寄ってみよう**　**オプトピア**（Tel.0791-58-1115）　理化学研究所の施設内容や研究成果を展示するコーナー等があります。ウエスト神姫芝生広場バス停から徒歩5分。

♪藤原

# 揖保川 Ibogawa

## 龍野新大橋 Tatsunoshinohashi

たつの市竜野町日山

龍野新大橋下の川原から見た市街地方面

　関西の煮物料理に欠かせない薄口醬油は、たつの市を南北に流れる揖保川の伏流水から作られています。ここ龍野は薄口醬油発祥の地です。鉄分が極めて少ない揖保川の水が、淡い色の薄口醬油を作るのに適しているといいます。

　揖保川には鮎釣りの季節に釣り人たちが川へ入るための踏み分け道が随所についているので、川原へ降りるのにはさほど苦労し

ません。たつの市役所前の龍野新大橋付近には両岸に広い川原が開けていて、さまざまな種類の石を観察することができます。特に斑れい岩は大阪府内の川原に比べ、比較的数が多く見つかります。色は花こう岩や閃緑岩に比べて、色が一番黒っぽいのが特徴です。

斑れい岩　12cm

　その他、チャートや砂岩、泥岩等の堆積岩のほか、閃緑岩や斑れい岩といった火成岩が多くみられます。錆びが浮いた石はとても少なく、金属を含んだ石はあまり見つけることができませんでした。さすがは鉄分の非常に少ない川だと納得してしまいました。

---

交通　JR姫新線本竜野駅で下車し、徒歩で西に1kmほど行くと揖保川にかかる龍野橋に出ます。橋を渡って堤防に沿って下流へ行くと龍野新大橋です。

兵庫県

くぼみの中にできていた水晶

石英塊　25cm

流域の地質　この地点より上流に分布するのは、約2億6000万年前の泥岩、砂岩、斑れい岩、玄武岩、約8000万年前のデイサイト、流紋岩、安山岩、花こう閃緑岩など、石の種類としても多様です。

♪藤原

## 07 武庫川 Mukogawa

### 生瀬 Namaze
西宮市青葉台

武庫川の川原。西宝橋の右上がJR生瀬駅

　JR宝塚線の宝塚駅の次が生瀬駅でその駅の近くを流れる武庫川はこの付近から川幅が広くなり、宝塚市、伊丹市を経て西宮市内で大阪湾に注ぎます。上流は篠山市内に源があり延長約66㎞ある河川です。
　写真の西宝橋北詰を50mほど上流に行ったところに川原へ下りる階段がります。川原に出ると大きな石や小さな石などが混ざ

り、大きさが不ぞろいです。観察する石の大きさはこぶし大くらいに的を絞るほうがいろいろな石を見つけることができます。

石は砂岩、泥岩、チャート、流紋岩、凝灰質流紋岩や花こう岩、閃緑岩など多様です。特にきれいな石は緑と白の縞模様の凝灰質流紋岩です。

兵庫県

凝灰質流紋岩　10cm
縞模様がきれいな"縞々石"

交通　JR福知山線生瀬駅で下車し、すぐ前に見える武庫川の橋を渡り左に折れるとすぐに川原に下りる階段があります。

花こう岩　15cm

流紋岩

割ると硫比鉄鉱がみられた

緑簾石　12cm

砂岩の表面にみられる緑簾石

左の拡大

砂岩と泥岩　13cm

凝灰岩　8cm

兵庫県

球か流紋岩　15cm

黄鉄鉱　13cm
泥岩を割った面にみられる（白い部分）

黄鉄鉱　18cm
流紋岩を割った表面にみられる（灰色の部分）

**流域の地質**　約1億5000万年前の砂岩、泥岩やチャート、約8000万年前の流紋岩やデイサイトや約400万年前の非海成の砂岩、泥岩や凝灰岩などが分布しています。

**寄ってみよう**　**廃線跡ウォーク**　JR福知山線の廃線跡が武庫川に沿って生瀬から次の武田尾駅まで整備され歩くことができます。

♪柴山

035

08

# 明石川 Akashigawa

## 茶園場町 Saenbacho

明石市茶園場町

明石城のすぐ西を流れる明石川の川原

　明石川は神戸市北区付近を源として西区、明石市を流れ播磨灘に注いでいます。延長26kmという短い河川です。市街地を流れているがきれいな自然景観を保っています。

　川原の石は握りこぶし大くらいの大きさのものが多く、観察に手頃です。最も多いのはチャートです。いろいろな色のものがあります。そのほか砂岩、デイサイト、流紋岩、角れき凝灰岩など

も見られます。そのほか珪化木も見つかることがあります。珪化木は木の化石です。埋もれた木の組織の中に二酸化ケイ素がしみこみ木の組織と入れ替わって珪質の木の化石となったものです。

珪化木

木目が残っている

**交通** JR山陽本線明石駅下車。線路に沿って西へ行くと明石川の堤防に出ます。堤防に沿って上流へ400mほど行ったところで川原に出ます。

デイサイト　10cm

デイサイト　12cm

チャート　7cm

砂岩　13cm

凝灰質流紋岩　6cm

石英の塊　10cm

凝灰岩　7cm

流紋岩　10cm

いろいろな色をしたチャート

**流域の地質**　約8000万年前の中生代白亜紀のデイサイトや流紋岩などと新生代第四紀の砂岩や泥岩などが分布するほか、流域には段丘堆積物が広く分布しているため、この中に含まれるれきも河川に流入しています。

**寄ってみよう**　**明石城**（明石市明石公園内）　小笠原忠真によって1618年築城された平山城です。明石川のすぐそばにあります。

♪柴山

# 市川 Ichikawa

## 日出町 Hinodecho

姫路市日出町

新幹線の鉄橋近くの市川の川原

　姫路市域を流れる市川は大きな川で兵庫県の中でも加古川に次いで長い河川です。上流は生野鉱山があった朝来市生野町付近から源を発し、神崎郡内を流れ姫路市で播磨灘に流れ込みます。

　姫路市内のこの川原は河口に近いところですが石ころは大きさが約10cm前後あり観察にも適した大きさです。川原に見られる石は火山岩が多く目につきます。火山岩は石の表面を見ると、石

英や長石が白い色をして斑点を作っています。火山噴火に関係してできた石で安山岩や流紋岩のほかに、凝灰岩や凝灰角れき岩や凝灰質の流紋岩なども見られます。深成岩である花こう岩や閃緑岩、堆積岩である砂岩、泥岩やチャートも観察できます。チャートの中でもきれいな赤色をしたレッドチャートが目に付きます。

兵庫県

レッドチャート　4cm

球か流紋岩　13cm
メノウ質の部分がある

**交通**　JR山陽本線東姫路駅で下車。そこから線路にほぼ沿って東に向かうと市川の堤防につきます。少し北の国道2号よりに行くと河原に出ることができます。

041

安山岩　8cm

デイサイト　7cm

凝灰質角れき岩　12cm

閃緑岩　10cm

球か流紋岩　11cm

石英閃緑岩　14cm
角閃石の斑晶がよくわかる

兵庫県

花こう斑岩　12cm

砂岩と泥岩の互層　7cm

泥岩　5cm

れき岩　8cm

**流域の地質**　流域に分布する岩石は、約2億年前から1.7億年前の中生代ジュラ紀の砂岩、泥岩やチャート、約8000万年前の中生代白亜紀のデイサイトや流紋岩、安山岩や玄武岩、花こう岩です。

**寄ってみよう**　**姫路城**（姫路市本町68番地）　姫路城の石垣は白っぽく見えます。それは使われている石材の多くが流紋岩などの周辺の山々を作っている石英質の多い岩石だからです。

♪柴山

043

# 10 加古川 Kakogawa

## 万歳橋下流 Mansaibashi

小野市黍田町

万歳橋少し下流の川原。一面に小石が広がる

　兵庫県の中でも流域面積と流路の長さが最大なのが加古川です。そのためいろいろな種類の石が川原にみられます。広い川原に出るとこぶし大を中心にした大きさの石がびっしり見られワクワクしてきます。最も多いのはチャートと呼ばれる硬い石です。その色は灰色、褐色、赤など様々です。次に多いのは白い斑点の見られる石です。生地は灰色、褐色、赤黒でそれに斑点がみられ

兵庫県

ます。これらはデイサイトや安山岩です。また流れ模様が表面にみられる石は流紋岩か溶結凝灰岩です。砂岩や泥岩もあります。ここでは白い色をした石英の塊を探してみましょう。その表面のくぼみの中に水晶がみられることがあります。割ってみると中から水晶が出てくることがあります。また時々珪化木（木の組織が二酸化ケイ素に入れ替わったもの）と呼ばれる木の化石が見つかることがあります。

石英の塊の表面のくぼみ（石の大きさ12cm）。そのくぼみの中に水晶がある

交通　JR加古川線市場駅下車。駅前から北へ進むと川に向かう道があり、万歳橋の手前で堤防に沿って少し下流に行くと川原に出る道があります。

045

石英でできた石 6cm

安山岩 10cm

流紋岩 11cm

砂岩 8cm

花こう岩 12cm

チャート 13cm

兵庫県

砂岩　15cm

凝灰岩　6cm

泥岩　12cm

珪化木　25cm

**流域の地質**　流域に分布する岩石は、約2億年前から1.7億年前の中生代ジュラ紀の砂岩、泥岩やチャート、約8000万年前の中生代白亜紀のデイサイトや流紋岩、安山岩、花こう岩です。また、新生代古第三紀の砂岩、泥岩、凝灰岩などもみられます。

♪柴山

# 由良川 Yuragawa

## 桜橋東側 Sakurabashi

福知山市前田

由良川の湾曲部にできた貴重な川原

　この川には、川原らしい川原がほとんどありません。典型的な山地河川である由良川は、上流〜中流あたりまでは急勾配をほぼ直進して流下します。そのため、谷がそのまま川に落ち込んだような地形や岩場が続き、砂や丸石が堆積しているような川原は中流以降にならないとなかなかみられません。丸石がある河原はJR石原駅と福知山駅の中間あたりの、川が湾曲した地点でようやく

現れます。駅名の由来とは無関係かもしれませんが、石原を過ぎてからやっと石原が出現するというのがおもしろいのではないでしょうか。

由良川は名うての暴れ川です。洪水時に水の勢いを弱めるために植えられた堤防代わりの河畔林のために、なかなか川に近づけません。ようやく見つけたこの広い川原へ行くには、バスに乗り市街地を抜け、細い農道を通り、暗い河畔林をくぐり抜けてやっと到達します。林の中の道は舗装されていない上に狭いですが、轍がついており、車を横付けすることができます。

石英塊　22cm

この川原でみかけた石英にはくぼみが多く、かなりの確率で水晶の結晶面が観察されます。内部に空間があれば、水晶が形成されているものもあるかもしません。チャートばかりを集めて色ごとに分類してみるのも良いでしょう。石の種類も多く、観察には良い所です。

交通　JR福知山線福知山駅で下車し、京都交通バスに乗り西佳屋野バス停で下車し、北に向かって1.5km歩くと川に出ます。

京都府

石英塊　18cm

流紋岩　16cm

れき岩　11cm

砂岩上の緑泥石　10cm

チャート　10cm

玄武岩　17cm

斑れい岩　15cm

砂岩　18cm

花こう斑岩　16cm

層状チャート　22cm

泥岩　16cm

斑岩　15cm

京都府

れき岩　12cm

泥岩　13cm

チャート　22cm

玄武岩　18cm
褐色の酸化鉄でおおわれている

閃緑岩　19cm

**流域の地質** この地点より上流には、約3億年前の玄武岩、約3億年前から1億7000万年前のチャート、約2億6000万年前の砂岩や泥岩、斑れい岩と玄武岩、約1億8000万年前の砂岩や泥岩などがみられます。

♪藤原

051

# 木津川 Kizugawa

## 渦之樋樋門 Uzunohihimon

木津川市加茂町

渦之樋樋門付近の川原

　木津川は三重県の青山高原付近を源流とし、京都府南部を経て淀川に合流する延長90kmに及ぶ一級河川です。鈴鹿山脈南端とその南側の布引山地笠取山から支流を集め、さらには京都府へ入った辺りで中央構造線の北側を走る高見山地に水源をもつ名張川と合流する非常に流域面積の広い川です。上流の地質も多彩で加茂駅近くのこの川原には、わくわくするほど多くの種類の石がころ

花こう岩　8cm　　　　　左の石の一部を拡大
赤いガーネットを含む

がっていて火成岩、堆積岩や変成岩が見られます。その中でも特に目にとまるのは、一瞬泥岩と間違えそうな真っ黒な石ですが、中にきらきらとした花びらのような模様や赤い棒状の結晶を認める石です。これらがホルンフェルスという変成岩で、中に菫青石や紅柱石という鉱物が斑点状に見られます。これはこの川原のすぐ上流に熱変成を受けた岩石が多く分布しているためです。この川原で見られる花こう岩は白っぽいものが多く、しばしば1〜5mmほどの赤いガーネットを含んでいます。

**交通**　JR関西本線加茂駅から徒歩20分

チャート　12cm

閃緑岩　10cm

安山岩　10cm

チャート　6cm

ホルンフェルス　10cm
紅柱石入り

ホルンフェルス　15cm
菫青石入り

京都府

泥岩　8cm

ホルンフェルス　12cm

花こう岩　10cm
赤い斑点はガーネット

砂岩　12cm

**流域の地質**　ここより上流に分布する石は約1億7000万年前の砂岩や泥岩、約8000万年前の花こう岩、花こう閃緑岩や閃緑岩、これら火成岩の貫入によるホルンフェルス、約6000万年前の泥質片岩、600万年前のれき岩などです。このように火成岩から堆積岩や変成岩なども観察でき、多くの種類の石をみつけることができます。

白石

# 高野川 Takanogawa

## 花尻橋 Hanajiribashi
京都市左京区八瀬花尻町

花尻橋下流の川原

　滋賀県と京都府の境にある途中峠付近を源流とする高野川は、小さな支流を集めながら大原、八瀬の里を通り京都盆地に流れ出る淀川水系の一級河川です。川床は浅く流れる水は美しい。川は大原を過ぎた辺りから山の迫る山峡を激しく蛇行するため、なかなか川原へ降りる場所が見つかりません。大原の里、花尻橋のすぐ下流のこの場所は川へ降りることができ、なおかつ手ごろな石

閃緑岩の断面。斜長石、輝石、角閃石などが観察できる

川原の閃緑岩　12cm

　が沢山観察できる数少ない場所です。上流の地質はほとんどがチャートで、一部斑れい岩質の深成岩も含まれます。そのためここではチャートはもちろん砂岩、泥岩また花こう岩や花こう斑岩、閃緑岩なども見つけることができます。閃緑岩を割ってみると、斜長石、輝石や角閃石のきれいな結晶が見られます。

　川原は木陰で、夏場でも涼しく石拾いには快適な環境ですが、日が陰るとかなり暗くなるため日が高い時間帯に行くことをお勧めします。

**交通**　京都バスで花尻橋バス停下車すぐ

057

花こう岩　15cm

花こう斑岩　12cm

砂岩　10cm

チャート　14cm

花こう岩　6cm

泥岩　8cm

京都府

チャート　9cm

石英の塊　11cm

チャート　14cm

閃緑岩　10cm

**流域の地質**　この地点より上流に分布する石は、約3億年前〜1億6000万年前の砂岩、泥岩、緑色岩やチャート、約1億2000万年前の閃緑岩、約1億年前の花こう岩や約8000万年前の花こう閃緑岩などです。

♪白石

# 桂川 Katsuragawa

## 松尾橋 Matsuobashi
京都市右京区梅津大縄場町

松尾橋下流の川原

　京都市左京区の北端佐々里峠を源流とする桂川は、花脊南から右京区を東西に横断した後、日吉ダムを経て亀岡盆地そして京都盆地へと流れる一級河川です。途中亀岡市保津町から嵐山までを保津川と名を変え、保津峡をめぐる保津川下りでも有名な美しい川です。嵐山から少し下流、阪急嵐山線の松尾駅から徒歩5分のこの辺りは、川幅も広く拳大ほどの手頃な大きさの石が広い川原

石英脈の中の水晶

赤いジャスパーを含むチャート石

に転がっています。約1〜2億年前の砂岩、泥岩、チャート、緑色岩などからなる山地を流れてくるため、ここで見られる石はそれらからなる堆積岩がほとんどです。また上流の山地の岩石にはいろいろな場所で石英が脈状に貫入しており、川原でも石英を含んだ石も多くみられます。

　鉢巻石といわれる砂岩や泥岩に白い石英が帯状に入った石を軽くハンマーで叩いてみると、運が良ければ少しの隙間にでも石英の結晶である美しい水晶を見つけることができます。含まれる微量な不純物によりいろいろな色となるチャートはここでは鉄を含む赤色のものを多く見つけることができます。またよく観察するとそれらの赤い石に混ざってジャスパーと思われる朱色がかった美しい発色の石も見つかります。

**交通**　阪急嵐山線松尾駅下車すぐ

花こう岩　11cm

砂岩　10cm

砂岩　13cm
石英脈入り

チャート　6cm

砂岩・泥岩　15cm

緑色岩　10cm

京都府

石英の塊　13cm

チャート　11cm

砂岩・泥岩　16cm

チャート　15cm
石英脈入り

石英の脈入りの石

**流域の地質**　ここより上流に分布する石は丹波帯といわれる約1億6000万年前の砂岩、泥岩、チャート、石灰岩や緑色岩などです。また、約1億年前の花こう岩類も見られます。

♪白石

# 鴨川 Kamogawa

## 西賀茂付近 Nishigamo

京都市北区西賀茂下庄田町

鴨川公園西賀茂付近の川原

　鴨川は京都市北区雲ケ畑付近を源流とし、芹生峠を源とする貴船川と花脊を源とする鞍馬川と合流した後、京都盆地に流れ出ます。その後、京都盆地北部で八瀬からの高野川と合流し、京都市内中心を南下する淀川水系の一級河川です。川沿いには多くの桜や柳の木が植えられており、四季折々の景色を楽しめる風情豊かな川です。この西賀茂の鴨川公園辺りは、川原が少し広くなっ

ていて石の観察には良い場所です。川の上流には堆積岩が広く分布しており、貴船川上流の芹生峠付近には玄武岩などの火成岩が分布しています。芹生峠からの貴船川の川沿いでは、海底火山があったことを示す火山灰層や枕状溶岩も見つかっています。そのため鴨川の川原には、比較的多くの種類の石を見つけることができます。

　ここで一番に目につくのは、緑色の緑色岩という石です。これは海底火山から噴出した玄武岩が変成作用を受けてできたもので、石を太陽の光にかざしてみると細かい鉱物が光って見えます。鉱物の粒は細かく識別しにくいですが、緑泥石、緑簾石、角閃石などが含まれます。その他変成岩のホルンフェルスや堆積岩の砂岩、泥岩、チャートなども見られ、中でもチャートは色彩豊かで美しいものが多いです。

緑色岩　10cm
表面にはガスの抜けた後の穴が開いている

**交通**　京都市バス庄田橋下車徒歩3分

砂岩　12cm

花こう岩　10cm

チャート　11cm

花こう斑岩　8cm

泥岩　15cm

閃緑岩　6cm

京都府

斑れい岩　9cm

デイサイト　14cm

川原の石

いろんな色のチャート

**流域の地質**　鴨川上流域は、京都の北山にあたり丹波高原が広がっています。この地域は、約3億年〜1億7000万年前の付加体と呼ばれる地層群でできています。付加体はプレートの沈み込む海溝付近に堆積した遠洋性の堆積物とすぐそばの大陸性の砕屑物がまじりあって陸側に付加された堆積物です。この地層群には泥岩、砂岩、チャート、石灰岩、玄武岩質岩石（緑色岩）などが含まれます。これ以外にはこの地層群の基盤岩であるマグマが冷え固まった花こう岩や閃緑岩、斑れい岩などの深成岩などもみられます。

白石

# 瀬田川 Setagawa

## 鹿跳渓谷 Shishitobikeikoku

大津市大石

鹿跳渓谷付近川原

　景勝地として知られる鹿跳渓谷を流れる瀬田川は、琵琶湖から流れ出す唯一の河川です。湖の南部から南流し、ここ大石で流れを西へと変え、その後宇治川、淀川と名前を変えて大阪湾に流れ込みます。鹿跳橋の辺りは両岸が迫って川幅が狭まり、水の流れも急に激しくなります。川面には大きな岩盤があちこちに顔を出しており、その景色は岩に腰を下ろし何時間でも川を眺めていた

いと思うほどの美しさです。またその岩には「鹿跳峡の甌穴（おうけつ）・（米かし岩）」と呼ばれている自然が作り出した水瓶様の穴があり、滋賀県の自然記念物に指定されています。この穴の中に運が良ければトパーズや砂金が見つかることもあるといいます。

　川は琵琶湖を出た後ここまで、堆積岩や花こう岩の間を流れてきます。観察した石はどれもピンポンボール大の小さめのものですが、種類も豊富で、丸くよく磨かれていてツルツルとしています。

　とても美しい場所ですが、雨の後は激流になるため注意が必要です。

鹿跳峡の甌穴（米かし岩）
鹿跳渓谷の岩には、水ガメのような小さなくぼみが見られます。これは、岩のくぼみや割れ目に入った石が激流でゴロゴロと動き、長い時間をかけて岩床をすり減らして形成されたものです。

**交通**　JR東海道本線石山駅より京阪バスが出ています。このバスに乗り大石小学校で下車。すぐ前の川原。

砂岩　5cm

泥岩　6cm

チャート　4cm

ホルンフェルス　5cm
菫青石入り

砂岩　5cm
石英脈入り

花こう岩　6cm

滋賀県

チャート　6cm

ホルンフェルス　6cm
菫青石入り

**流域の地質**　約3億年前〜1億7000万年前のチャートや約1億6000万年前の砂岩、泥岩、チャートや緑色岩、約8000万年前の花こう岩とその貫入にともなってできたホルンフェルスなどがこの地点の周辺に分布しています。

**寄ってみよう　石山寺**　この地点の約6km上流に石山寺があります。この寺で紫式部が源氏物語を書いたことで有名です。また、この寺は名前の通り石の上に立っているお堂があります。その石は珪灰石と呼ばれ、石灰岩が変成作用を受けてできた石です。またこの石は天然記念物に指定されています。

♪白石

# 安曇川 Adogawa

## 野尻 Nojiri

高島市朽木野尻

安曇川の中流域にある朽木野尻付近の川原

　小浜港に揚がった魚を京都市内まで運ぶ街道は、古くから鯖街道と呼ばれよく知られています。そのほとんどの部分はこの安曇川沿いの道です。Ｖ字谷を作りほぼ南北に流れ、写真の朽木野尻付近で90度方向を変え、写真のように川幅も広くなり東に流れて、琵琶湖に注ぎます。
　川原にはたくさんの石ころがたまり、その大きさも10㎝位の

手ごろなものがみられます。石の多くは砂岩、泥岩やチャートと呼ばれる堆積岩です。灰色が砂岩で黒い石が泥岩です。チャートはかなり硬い石で、ハンマーでたたくと火花が出ることがあります。チャートは灰色のものが多い中でここでは赤い色をしたレッドチャートが目につきます。また白い石は石英で堆積岩の中に脈状に入ったものから、その部分だけが固いため残ったものです。その表目にあるくぼみを覗くと水晶が見られることがあります。そのほか表面が黒い石で重く感じる石があればマンガンを含む鉱石です。割ってみて中から肌色やピンク色の部分が出てきたら、菱マンガン鉱です。

石英塊　12cm
石英だけでできた石

左の石のくぼみの拡大。中に水晶がある

---

交通　JR湖西線新旭駅で下車し、江若バスでバス停高岩橋下車。徒歩約5分で川原に出ます。

砂岩　10cm

泥岩　15cm

レッドチャート　4cmと3cm
下は石英

砂岩と石英脈　10cm

レッドチャート　15cm
石英の細い脈がいろいろな方向に見られる

菱マンガン鉱
表面の黒い重い石を割ると
薄いピンク色の部分がある

左の石を割ったものが、右の写真で、ピンク色の部分が菱マンガン鉱

**流域の地質** 流域に分布する岩石は、約1.7億年〜1.5億年前の砂岩や泥岩など堆積岩がほとんどを占めています。これらの岩石群は丹波帯と呼ばれる中生代ジュラ紀の付加体と呼ばれる堆積物で作られたものです。この岩石群の中にはマンガンの鉱床を多く含み、かつてはマンガン採掘の鉱山が数多く分布していました。

**寄ってみよう　くつき温泉てんくう**（高島市朽木柏341-3　Tel.0740-38-2770）　この川原から上流へ約1km行った右岸の山側にあります。アルカリ単純泉で神経痛・筋肉痛・関節症・冷え性などに効能があるそうです。グリンパーク想い出の森の中に温水プールなどの娯楽施設もあります。

♪柴山

# 野洲川 Yasugawa

## 近江富士大橋 Oumifujiohashi

野洲市野洲

近江富士大橋から見た上流側の川原

　野洲川は琵琶湖の東にそびえる鈴鹿山系に水源を発し、2つのダムを経て、甲賀市を西流し琵琶湖にそそぐ滋賀県最大の川です。上流、中流は国道1号線に沿って流れ、土山、水口、石部といった宿場町を通ります。

　水源の山地・丘陵地帯は風化した花こう岩・堆積岩から形成されており、降雨のたびに多量の土砂を流出するため、野洲川下流

花こう斑岩　12cm

花こう斑岩　10cm

の三上山（近江富士）の山麓には石部を扇頂部とした日本最大級の扇状地が広がっています。

　JR野洲駅から徒歩20分程のこの辺りは、川幅が非常に広く堤防から川原までだけでも歩くと少し距離を感じます。川幅の割に水量は少なく沢山の石が転がっています。色鮮やかなものは少ないですが、砂岩、泥岩、チャートなどの堆積岩をはじめ火成岩、変成岩も見つかります。ピンク色のカリ長石が入ったきれいな花こう斑岩をいくつも見つけることができました。

交通　JR東海道本線野洲駅下車、徒歩20分。

チャート　11cm

砂岩　14cm

ホルンフェルス　12cm
斑点は菫青石

花こう岩　10cm

緑色岩　8cm

泥岩　6cm

滋賀県

砂岩　11cm

泥岩　11cm

チャート　5cm

チャート　8cm

**流域の地質**　上流に分布する石は約3億年前〜1億7000万年前の砂岩、泥岩やチャート、約8000万年前の花こう岩や花こう閃緑岩とその貫入によって変成作用を受けてできたホルンフェルスのほか、デイサイトや流紋岩も小規模にみられます。

♪白石

# 鈴鹿川 Suzukagawa

## 河川緑地 Kasenryokuchi

鈴鹿市庄野町

鈴鹿川の川原。定五郎橋からの遠景

　昔から氾濫の多かった鈴鹿川は鈴鹿郡高畑山に源を発し、流域に関所跡や宿場町の面影を残しながら伊勢湾に注いでいます。流域のほとんどで国道1号（東海道）が並行しています。主な支流は、加太川、安楽川などです。河口付近には四日市の石油コンビナートが見られます。
　JR関西本線の加佐登駅からすぐの鈴鹿川河川緑地は安楽川と

の合流点から近く、簡単に川原に下りられます。下流なので砂が多く石の川原とは言えませんが所々に石ころも見られます。

　石の種類はチャート、泥岩や砂岩が代表的で、花こう岩や閃緑岩なども時折、見られます。

泥岩　20cm
流れ模様がきれい

交通　JR関西本線加佐登駅下車、南へ行き国道1号に出るとすぐ、鈴鹿川河川緑地があります。

**流域の地質** 上流に分布する石は、約7000万年前の花こう岩、閃緑岩などの深成岩類のほかに約1600万年前のれき岩や700万年の砂岩、泥岩なども見られます。

**女人堤防記念碑**（鈴鹿市汲川原町） 河川緑地から国道1号を少し上流に行ったところに碑があります。川の上流部は土砂の流出が多く、河道も安定せず下流は洪水による氾濫を江戸時代から繰り返しており、そのため人々は現在でいう砂防工事を行っていました。ところが右岸側が神戸城下であったことから左岸堤の強化が許されませんでした。当時の城主は堤防を作ると下流にある自分の城が危険だと「打ち首令」まで発して堤防を作らせませんでした。そこで稼ぎ手の男たちが殺されないよう女たちがこっそり闇夜の工事を行ったところからこの川の堤防を女人堤防と呼んでいます。

また宿場町庄野宿にある、**庄野宿資料館**に立ち寄ってみるのもいいでしょう。

女人堤防記念碑　　　庄野宿資料館

井上

# 五十鈴川 Isuzugawa

## 御側橋 Osobahashi

伊勢市中村町

川原から神宮方面を見る。見える橋が御側橋

　「川はせせらぎ五十鈴川そっと想い出流したい」歌手水森かおりさんの曲「伊勢めぐり」に登場する伊勢を代表する川です。御裳濯川(みもすそがわ)の異名があります。
　宇治橋を渡ると日常の世界から神聖な世界になるといわれています。ほとんどの人が渡ったことのあるこの川は、伊勢神宮（内宮）の西端を流れ、神宮の御手洗場(みたらしば)にも使われています。昔は手

洗だけでなく口濯ぎまで行われていたそうです。「いすず」の名は「みすずぐ」の語源に由来しているといわれるのも納得できます。

上流は神路山からの神路川、島路山からの島路川からなり、五十鈴川と名称を変えます。海抜500〜200mの低い尾根からの供給で、地層を横断するように流れているので堆積岩のチャート、砂岩、泥岩、石灰岩、また火成岩、変成岩などがみられます。

神足石　5cm
足の形をした姿石。
石は緑色片岩

流れはゆっくりで全長約20kmの小さな川です。また上流に高麗広という小さな集落があり、五十鈴川左岸沿いに県道を進むと分水嶺をなす剣峠に到着します。渓流や大滝・小滝等も見られる名勝地となっています。石もたくさん見られるのですが伊勢神宮の中（内宮）ですので採石は許されていません。

**交通**　近鉄宇治山田駅から三重交通バスで内宮行きに乗り、猿田彦神社前で下車。そこから東へ約1km。近鉄五十鈴川駅からだと南へ徒歩約1.5km。

三重県

**流域の地質** 上流には約1億年〜6000万年前にできた泥質片岩などの結晶片岩類、玄武岩、斑れい岩や蛇紋岩のほかに、約2億年前〜1億7000万年前の砂岩、泥岩、チャートや緑色岩が分布しています。またこの川は中流域で中央構造線を横断しています。

**寄ってみよう　伊勢神宮内宮**　この地点からすぐ上流が内宮です。

御手洗場

宮内を流れる五十鈴川

内宮　雨の平日でもこの人波

♪井上

# 北山川 Kitayamagawa

## 瀞大橋 Doroohashi

熊野市紀和町小川口

北山川にかかる瀞大橋近くの川原

　北山川は日本一雨が多い大台ヶ原に源を持つため水量も豊富な川で侵食作用も大きく深い渓谷を作っています。国の天然記念物に指定されている瀞八丁もその1つです。また川の蛇行も激しく川幅が広いところでは曲流の内側には広い河原ができています。
　写真の右手に瀞流荘というホテルがありその前からこの川原に出ることができます。川原の石は砂岩が最も多く目につきます。

そのほか泥岩や砂岩泥岩が互層になったものもあります。特に泥岩の中で真っ黒な石は那智黒として碁石にも使われます。火成岩では流紋岩や花こう岩なども見られるほか鉄のさびが付いたように表面が茶色になった石を割ると黄鉄鉱や黄銅鉱などの金属鉱物が見つかることがあります。

砂岩　13cm
表面に貝化石が見られる

**交通**　JR紀勢本線熊野市駅から熊野市バスの瀞流荘行きに乗ります。瀞流荘で下車し、すぐ横の川原にでます。

流紋岩

砂岩

泥岩

砂岩と泥岩

縞模様の砂岩

れき岩

石英脈に見られた水晶

那智黒石（泥岩）

**流域の地質** ここより上流域に分布する岩石は、約9000万年前〜7000万年前の砂岩や泥岩、約1500万年前の砂岩、泥岩、流紋岩や花こう岩などです。約1500万年前の泥岩が熱水による変質により硬くなったものは那智黒と呼ばれ、碁石などの材料になっています。

**寄ってみよう** **紀和鉱山資料館**（Tel.0597-97-1000） 瀞大橋より東へ国道を約1.5 km行ったところにあります。この付近にはかつては紀伊半島で最大の銅鉱を採掘していた紀州鉱山がありました。その鉱山に関する資料などと、この地域の歴史・文化なども展示されています。

♪柴山

# 銚子川 Choshigawa

## 魚飛橋 Uotobibashi

北牟婁郡紀北町木津

銚子川に又口川が左から合流してきた川原。赤い橋が魚飛橋

　紀伊半島の太平洋側に面した紀北町や尾鷲市は標高の大きな山地が海岸まで迫っています。川はその山地をけずって深い谷間を作っています。銚子川ものその１つで年間降水量が最も多い大台ヶ原山系を源流として、1600mの高さからわずか20kmの長さで熊野灘に注ぎます。そのため急流で水も澄んできれいな川としても有名です。

三重県

　写真の川原にはたくさんの石ころが転がっています。
　川原の石は砂岩や泥岩が最も多く、そのほか花こう斑岩と呼ばれる火成岩もみられます。砂岩などにみられる石英脈を調べてみると脈が膨らんだところなどに水晶ができていることがあります。また、石の表面に褐色の錆のような色がついている石を割ると、黄鉄鉱などの金属鉱物が見つかることがあります。

砂岩にみられる石英脈。くぼみに水晶がみられる（左右15cm）

**交通** 紀勢自動車道海山ICで降りて国道42号に入り南下し、銚子橋北の交差点を右折して県道760号に入り、川に沿って上流へ向かいます。赤い鉄橋（魚飛橋）がある付近の又口川が合流してくるあたりで川原に出ます。

れき岩　15cm

花こう岩　10cm

砂岩　12cm

泥岩　12cm

チャート　18cm

砂岩　8cm

三重県

岩片を含む石英脈が岩石から外れ、石英の塊になった　20㎝

**流域の地質**　流域には、約1500万年前の新第三紀の花こう岩や約8000万年前の白亜紀後期の砂岩や泥岩などの堆積岩が広く分布しています。

**寄ってみよう**　**魚飛峡**（うおとびけい）　銚子川と又口川の合流地点から、又口川の上流約１kmまでの渓谷で奇岩怪石が続きます。川の水は澄んで本当にきれいです。

♪柴山

095

# 櫛田川 Kushidagawa

## 須原親水広場 Suharashinsuihiroba

多気郡多気町古江

須原親水広場付近の川原

　三重県中部の中央構造線沿いを西から東へ流れ、伊勢湾に注ぐ櫛田川。水量はかなり多いです。
　高見山を源とし、上流では太良木川、月出川、蓮川(はちす)等を合流、また伊勢平野では佐奈川を合流、伊勢湾に注いでいます。
　上流の蓮川を奥香肌峡まで登ると治水事業で作られた蓮ダムがあります。

三重県

　訪れた古江付近の川原、このあたりは水銀の鉱山があった丹生の近くであり、川岸に水銀鉱脈の末端が見られ、辰砂や鶏冠石などを見つけることもできます。沈下橋付近の川原一帯では、石英、方解石、苦灰石、角閃石、片麻岩、緑色片岩、花こう岩、チャート、砂岩等多種類の石や鉱物が見られます。

　ここは須原親水広場というところですぐ川原に下りられます。夏は水遊びのできる公園で更衣室などの設備も完備されています。櫛田川は川原へ下りられる場所が少なく、この親水広場のところはベストポジションと言っていいでしょう。

　有名な松阪木綿はこの櫛田川の清流が利用されていました。

凝灰質結晶片岩　7cm

沈下橋付近

---
**交通**　JR紀勢本線相可駅より町営バス、朝柄口で下車すぐ（平日のみで本数は少ない）。車の場合は伊勢自動車道勢和多紀ICでおり、国道368号に入り約10分です。

097

閃緑岩　10cm

石英塊　8cm

流紋岩　8cm

砂岩　12cm

花こう岩　8cm

蛇紋岩　7cm

三重県

泥質片岩　20cm

石英片岩　10cm

**流域の地質**　この川は中央構造線に沿って流れているため、構造線を境に北側の花こう岩類や片麻岩地帯と南側の結晶片岩地帯の石が川原に見られます。片麻岩地帯には約1億年前の花こう閃緑岩や閃緑岩、結晶片岩地帯には約1億年前から6000万年前の泥質片岩などの高圧変成岩が分布します。そのほか約1億年前の砂岩や泥岩のほか約3億年前のチャートも見られます。

**寄ってみよう**　**中央構造線の露頭**　この地点から約東へ2kmの県道わきの崖にこの露頭を見ることができます。写真中央の色が変わる斜めの境界が中央構造線です。

井上

# 宮川 Miyagawa

## 宮リバー度会パーク　Wataraipark

度会郡度会町

度会パーク付近の川原

　いかにも伊勢の国という名称です。伊勢神宮外宮の禊川であり、かつては豊宮川といわれ、豊の字を略して宮川となりました。清流です。神宮式年遷宮のお白石持行事に使われる石はこの宮川から採集されています。

　支流には、勢田川、大内山川、注連指川、一ノ瀬川、横輪川などがあります。大台ヶ原山に源を発し、山あいを縫うように流れ

三重県

伊勢平野に注ぎます。三重県内最大の流域面積を誇ります。

　砂岩、泥岩、玄武岩、流紋岩、石灰岩、花こう岩、閃緑岩、片麻岩など多くの種類の石がみられ、結晶片岩（泥質）にも遭遇します。

　宮リバー度会パークから簡単に川原に下りることができます。伊勢市民の憩いの場として整備されている公園です。

**アプライト　11cm**
石英系の白い石

　この川は流路が長いので、ここでは前述のすべての岩石は見られませんが美しい川の景色が楽しめます。岩石ファンはさらに上流のほうへ出かけているようです。

　さて、お白石とは石英系の白い石で、水晶のように少し透明感のある石肌が特徴です。花こう岩系ではありません。一度の遷宮で、約10万個を超えるお白石が必要なので、このあたりの川原ではすでに取り尽くされ、石英系の白い石はほとんど見られません。

**交通**　JR・近鉄伊勢市駅から三重交通バス（中川線）に乗り、度会特別支援学校前で下車。徒歩10分。

チャート　12cm

砂岩　6cm

砂岩　6cm

石英片岩　11cm

チャート　12cm

石英塊　6cm

三重県

石英片岩　13cm

チャート　10cm

**流域の地質**　流域のほとんどの地域に約1億年前〜6000万年前に形成された泥質片岩を中心とした結晶片岩が分布しています。そのほか約1億6000万年前の砂岩、泥岩、約3億年〜1億6000万年前のチャート、緑色岩や石灰岩も見られます。

**寄ってみよう　宮リバー度会パーク**　この場所の川原には"憩い&スポーツ空間"施設が整備されています。芝生公園、パターゴルフ、テニスコート、流水プールなどがあり、宮川の清流を見ながら楽しめます。レストハウスや町営野菜販売所も併設されています。

井上

# 雲出川 Kumozugawa

## 伊勢石橋駅付近 Iseishibashi

津市一志町高野

近鉄大阪線の鉄橋と左の沈下橋の間の雲出川川原

　奈良県との県境三峰山に源をなし、伊勢湾に注いでいる一級河川です。三峰山は松阪からのJR名松線の伊勢奥津駅の近くにあります。雲出川はほぼこの鉄道に沿うように北にそして東に流れ伊勢湾に注いでいます。

　花こう岩、閃緑岩、片麻岩、砂岩などが代表的な岩石です。近鉄大阪線伊勢石橋駅からすぐの川原で、写真の左に見える沈下橋

三重県

から川原に出ることができます。

上流の山地部に雲が多くその渦を巻く様子が下流部からよく見えたので雲出川と名がついたという説があります。

延長は55km流域面積は550km²になります。

ガーネット(褐色の斑点)を含む花こう岩

閃緑岩　13cm

片麻岩　12cm

交通　近鉄大阪線伊勢石橋駅で下車。東へ徒歩5分。

アプライト　16cm

片麻岩　10cm

片麻岩　8cm

花こう岩　9cm

片麻岩　8cm

ホルンフェルス　6cm
斑点は菫青石

片麻岩　7cm　　　　　　　　片麻岩　5cm

**流域の地質**　上流の地質は約1億年前～8000万年前の片麻状の花こう閃緑岩や泥質片麻岩、約8000万年前の閃緑岩、約7000万年前の花こう岩が分布するなど花こう岩類が広く見られる地域です。中流域には約1500万年前の砂岩や泥岩層も分布しています。

**寄ってみよう**　**伊勢奥津駅　南家城の石積み堰**　JR名松線は災害のため長らく運休し、一時は廃線も検討されましたが地元の人たちの努力により2016年に再開通された話題の路線です。途中南家城の河口の取水口は、かんがい施設遺産としての石積み堰で有名です。

伊勢奥津駅　　　　　　　　　南家城の石積み堰

♪井上

# 員弁川 Inabegawa

## 天王橋 Tennobashi
いなべ市北勢町麻生田

青川との合流点から天王橋を望む

　員弁川と書いていなべ川と読みます。どれだけの人が読めるでしょうか。市の名称は「いなべ市」とかな表記になっています。三重県の北東部を流れる延長37kmの二級河川です。
　鈴鹿山脈の御池岳に発し、いなべ市、東員町、桑名市などを流れ伊勢湾に注ぎます。俗称「町屋川」と称されるのは桑名、川越町周辺の町中を流れていた名残と言われています。

三重県

　水は極めて美しく、鮎やアマゴなどが放流され川釣りファンが多く訪れます。また水石を好む人にとってはこの川の石は員弁川石として珍重されています。奇妙な形が好まれ全国から採石に訪れる人もいます。「員弁川石の館」という私設の博物館では800個以上の水石が展示され見事です。

大きな緑色岩　20cm

　この川で見られる石の種類はけっこう多く、砂岩、泥岩、玄武岩、石灰岩、チャート、花こう岩などをすぐに見つけることができます。観察場所はガーネット等が採集できる青川峡から流れる支流青川の合流する天王橋付近です。

　ローカルな三岐鉄道北勢線の終点阿下喜まで川は続きます。なかなか面白い川です。

**交通**　三岐鉄道北勢線麻生田駅から天王橋まで徒歩10分

砂岩　11cm

チャート　8cm

砂岩　6cm

泥岩　5cm

チャート　6cm

砂岩　12cm

凝灰質砂岩　10cm

三重県

花こう閃緑岩　10㎝

**流域の地質** 上流に分布する石は、約3億年〜1億7000万年前の砂岩、泥岩、チャート、緑色岩や石灰岩、約1億6000万年前の砂岩や泥岩、約8000万年前の花こう岩などがみられます。また河川の両岸には段丘堆積層が発達していて種々のれきを伴っています。

**寄ってみよう** **いなべまちかど博物館「員弁川石の館」**（北勢町麻生田2840番地 Tel.&Fax.0594-72-3368 要予約）　員弁川などの水石を中心に収集されたものが展示されています。

♪井上

# 飛鳥川 Asukagawa

## 明日香 Asuka

橿原市四分町

飛鳥川の四分橋付近の川原

　飛鳥川は、高市郡高取町付近に発し奈良盆地西部を北流し、大和川に合流します。
　川原では花こう岩や閃緑岩が多く、堆積岩のチャートや砂岩、れき岩なども見られます。また、安山岩や流紋岩も見られます。
　畝傍御陵前駅前の大通りは観光客で多くにぎわっていますが、一歩中へ入れば昔ながらの奈良の風景です。近くには史跡も多く、

石拾いのついでに藤原宮跡や橿原神宮等飛鳥巡りもお勧めです。

奈良県

お菓子みたいな石英の塊　5cm

交通　近鉄橿原線畝傍御陵前下車、東口を出て東へ徒歩1km程行き、川に沿って下流方向、四分橋まで行きます。

奈良県

石英脈と片麻岩　10cm

片麻岩　7cm

片麻岩　10cm

**流域の地質**　飛鳥川の上流域には約1億年前の花こう閃緑岩と花こう岩が分布します。本川原付近より下流は奈良盆地内の第四紀層内を流れ大和川に合流します。

**寄ってみよう**　近くには**橿原神宮**や**藤原宮跡**があり、また**甘樫丘**や**史跡石舞台古墳**等**飛鳥巡り**ができるところがあります。

♪田井

115

# 吉野川 Yoshinogawa

## 千石橋 Sengokubashi

吉野郡下市町

吉野川の千石橋付近の川原

　吉野川は奈良県と三重県の境に位置する大台ヶ原より流れ、中央構造線に沿って西流し和歌山市で紀伊水道へ注ぎます。
　千石橋の手前を左に行くと川へ降りる道があります。
　川原には大きくうねった模様の結晶片岩が川原に露出しています。絹雲母片岩、石墨片岩、緑泥石片岩などの結晶片岩を多く見つけることができます。川原は他の川にはない緑色の石の多さに

驚く場所です。昔は近くにいくつか銅山があったようで、川原の泥質片岩中にも自然銅が箔状に入っていることもあります。その他砂岩、泥岩やチャート、玄武岩や緑色岩なども見つけることができます。

緑泥石片岩にはさまれた石英　30cm

**交通**　近鉄吉野線下市口駅で下車し南へ歩き商店街を過ぎると千石橋に出ます。その手前を右に折れたところで川に出ます。

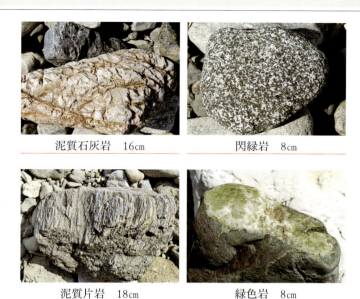

泥質石灰岩　16cm　　閃緑岩　8cm

泥質片岩　18cm　　緑色岩　8cm
黄緑色は緑廉石

**流域の地質**　上流に分布する岩石は約2億年前の砂岩、泥岩、石灰岩、チャートや石灰岩と、約1億年前に高圧変成作用を受けた結晶片岩類が分布します。

**寄ってみよう**　下市口は**大峰山**へ行くバス基地です。上流には**宮滝**があり、アユ釣りや川遊びなど多くの人が訪れる場所でもあります。

♪田井

# 丹生川 Niugawa

## 丹生橋 Niubashi

伊都郡九度山町入郷

丹生川の丹生橋付近の川原

　丹生川は伊都郡高野町富貴付近を源流とし、九度山町で紀の川と合流する紀の川水系の一級河川です。

　川原には赤色や黄緑色の混ざった板状の結晶片岩や石墨石英片岩などが多く見られます。また丹生川の上流には海底火山によってできた岩石が分布し、中にはパープルシェールと呼ばれる小豆灰色の緑色岩も見かけます。水に濡れるとたいへん美しい石です。

周辺には大河ドラマでも有名になった真田幸村が暮らしていたといわれる屋敷跡に建てられた善名称院（真田庵）などもあり訪れる人の多い場所です。

緑の美しい緑泥石片岩　16cm

交通　南海高野線九度山駅下車、県道を善名称院（真田庵）の方へ左手に進むと丹生橋があります。この橋を渡り道の駅の前で川原に降りることができます。

紅廉石片岩　7cm　　　　　　石墨片岩　15cm
　　　　　　　　　　　　　　褶曲模様がきれい

**流域の地質**　丹生川の流域を占める岩石は、約1億年前の砂岩、泥岩やチャートと三波川変成岩帯と呼ばれる1億2000万年前から6000万年前の低温高圧型の変成岩が分布しています。

**寄ってみよう**　**道の駅柿の郷くどやま店**（Tel.0736-54-9966）　産直市場や高野山などの世界遺産情報コーナー、真田家関連情報なども併設されています。

♪田井

# 古座川 Kozagawa

## 古座川町役場 Kozagawacho

東牟婁郡古座川町高池

古座川町役場前の川原

　JR古座駅からゆっくり歩いて30分ほどで、河口近くの大きな川原に着きます。ここは地元の人に川役場と呼ばれて親しまれている古座川町役場の真横にある川原です。川役場は製材業で財を成した大地主の屋敷跡に建っています。駅から川役場まではコミュニティバスに乗れば約7分で行くことができますが、本数が少ないので駅前でタクシーに乗るか、散策がてら歩いていくのも良い

でしょう。橋の上から見下ろす古座川の水は、まさに清流と呼ぶしかない美しさです。川役場に着いたら、駐車場からそのまま川原に出ることができます。

ここは、砂岩、泥岩、花こう斑岩が多く、種類はあまり

花こう斑岩　23cm

豊富ではありません。しかしよく探すと、砂岩や泥岩に貫入した石英脈の中に立派な水晶が成長しているものや、綺麗な赤い色をしたガーネットを伴うものを観察することができます。手に持ってみて重量を感じ、錆びが浮いている石を割ってみると、内部に黄鉄鉱や斑銅鉱等の金属鉱物を見つけることもできます。花こう斑岩は長石の結晶の美しいものを探してみましょう。

交通　JR古座駅から徒歩30分またはコミュニティバス乗車で約7分。役場前で下車。

和歌山県

砂岩中のガーネット

砂岩　14cm

錆びた泥岩を割ると内部に黄鉄鉱が観察されました

デイサイト　20cm

**流域の地質**　上流には、約4000万年前の砂岩や泥岩、約1500万年前の花こう岩や泥岩と砂岩、約1300万年前のデイサイトや流紋岩などの岩石が分布しています。

**寄ってみよう　古座の一枚岩**　流紋岩質凝灰岩でできた巨岩で、国指定の天然記念物です。古座駅から車で20分。

♪藤原

127

# 熊野川 Kumanogawa

## 新宮城跡 Shingujoato

新宮市船町

熊野川河口に広がる川原と新宮城跡

　「熊野川」なのか「新宮川」なのか。地図には2つの河川名が併記されています。この川は、奈良県、和歌山県、三重県を貫流する一級河川であり、古来より熊野三山のうちの1つである熊野速玉大社へ詣でる巡礼の人々を乗せた船が下った、悠久の大河です。河川法に基づく一級河川として「新宮川」が法的に指定されていましたが、「熊野川」の呼称に親しみ、定着していた地元か

らの要望により、法定名称が「熊野川」に変更されたいきさつがあります。しかし水系名は「新宮川水系」のままというのが、地図上に2つの河川名が書かれる理由のようです。

　新宮城跡が残る小高い丘、丹鶴山のすぐ下に広がる熊野川河口の川原には、JR紀勢本線新宮駅から徒歩10分ほどで到着します。川原へは階段やスロープが敷かれているので簡単に降りることができます。さっそく観察してみると、薄いクリーム色をした流紋岩に、黒っぽい電気石の結晶が入っているものが比較的多くみられました。石英塊も、くぼみや空間に水晶が形成されているものが多くあります。なお、全体として一番多く見られたのは、砂岩・泥岩・石英斑岩でした。

電気石を含む流紋岩（大きさ20cm、黒い放射状の斑点が電気石）

和歌山県

交通　JR紀勢本線新宮駅より徒歩30分またはタクシー5分。

129

チャート　5〜8cm

石英塊　15cm

砂岩　10cm

凝灰角れき岩　13cm

泥岩　17cm

泥岩　5cm

泥岩　16cm

流紋岩　18cm

砂岩泥岩互層　14cm

和歌山県

石英塊　19cm
右は上の石英中のくぼみに成長した水晶

花こう斑岩　12cm　　　　　デイサイト　15cm

**流域の地質**　上流には、約1億5000万年前の玄武岩やチャート、約9000万年前の砂岩や泥岩、約2000万年前の泥岩、約1500万年前の花こう岩や泥岩と砂岩、約1300万年前のデイサイトや流紋岩など、中生代ジュラ紀から新生代新第三紀までのいろいろな時代と多種の岩石が分布します。

♪藤原

# 紀の川 Kinokawa

## 橋本橋 Hashimotobashi

橋本市賢堂

紀の川の橋本橋付近の川原。石墨片岩が露出

　紀の川は奈良県の大台ヶ原付近を源流とし、北西へと流れ、中央構造線でそれに沿って西流し、和歌山市で紀伊水道に注いでいます。紀の川のこの辺りは川幅が広く、川原では、結晶片岩が多く、緑泥石片岩、紅簾石片岩、石墨片岩などのほかに砂岩、泥岩、チャート、緑色岩などを見つけることができます。また黒い板状の石に箔状に自然銅が入ったものやその他の金属鉱物を含んだ石

も多く見かけます。

　川の南側には以前は銅鉱山がいくつかありましたが現在は閉山されています。

石墨片岩　30cm
白色は石英脈

交通　JR橋本駅から南へ商店街をまっすぐ下ると国道24号に出ます。右へ10分ほどで橋本川の御殿橋を渡り左へ橋本川堤防に沿って紀の川の合流点で右へまがったところから川原へ下ります。

| 緑泥石片岩　10cm | 片麻岩　12cm |
| 泥質片岩　30cm | チャート　10cm |

 紀の川流域に分布する岩石は種類が大変多くあります。約1億年前に高圧の変成を受けた結晶片岩類や高温の変成作用を受けた片麻岩、砂岩や泥岩などの堆積岩、また約2億年前の砂岩、泥岩、チャートや石灰岩が分布しています。また結晶片岩地帯には鉱床もよくみられ、それらに関係した鉱物を含む岩石もみられます。

1kmほど上流で奈良県から和歌山県に入ると吉野川から紀の川に名称が変わります。

田井

# 富田川 Tondagawa

## 鮎川　Ayukawa

田辺市鮎川

富田川の川原。向こうに見えるのは加茂橋

　上の写真の加茂橋は熊野詣に使われた熊野古道の一部にあたり、一瀬王子から鮎川王子に向かうときにこの橋を渡ります。この橋の左岸側から堤防に沿って少し上流に向かうと川原に降りる道があります。

　川原に出ると灰色の石が多く目に付きます。ほとんどが砂岩と呼ばれる砂が固まった石です。また黒っぽい石は泥岩で泥が固ま

ってできた石です。ただ表面は少し酸化鉄で淡い褐色になっています。川原の石はほとんどがこの砂岩と泥岩です。またこの2つが重なった、砂岩泥岩互層の石や砂岩の中に泥岩片が混じった泥岩れき混り砂岩もあり面白い模様のものが見つかります。またチャートれきを含むれき岩も見られます。

泥岩れき混り砂岩　20cm

**交通**　JR紀勢本線紀伊田辺駅下車。明光バスに乗り下鮎川で降り前方の加茂橋を渡ります。車の場合は紀勢自動車道上富田ＩＣでおり、国道311号で中辺路方面に向かいます。加茂橋を渡ってすぐ。

砂岩　15cm

縞模様のある砂岩　8cm

泥岩　12cm
中は真っ黒

泥岩　16cm

泥岩　7cm
割ると中が黒く
黄鉄鉱がこのようにみられることもある

れき岩　8cm

和歌山県

チャートのれきを含むれき岩　25cm

れき岩　20cm

れき岩　15cm
級化構造（れきの粒の大きさが層状に大きなものから
小さなものへと移り変わる）がみられる

**流域の地質** この地点から上流の地質は約5000万年前や約4000万年前の砂岩、泥岩やれき岩でできています。

**寄ってみよう** **道の駅ふるさとセンター大塔**（Tel.0739-49-0143）　この地点から上流約1kmの国道沿いにあります。地元産のいろいろな品物が売られています。特に木工製品が豊富です。

♪柴山

# 日置川 Hikigawa

## 北野橋 Kitanobashi

田辺市中辺路町近露

日置川にかかる北野橋近くの川原

　上の写真の北野橋は熊野古道にかかる橋ですぐ横には近露王子があります。橋の袂からすぐに川原に降りることができます。川原には比較的大きめの石がたくさん転がっています。この付近は日置川でも上流部分にあたるためでしょう。石の種類は砂岩や泥岩がほとんどです。しかし、時折表面に鉄さびが付いたような茶色の石が目に留まります。表面が酸化鉄でおおわれているもので

す。このような石を割ってみると中から黄鉄鉱などの金属鉱物が見つかることがあります。

和歌山県

鉄さびでおおわれた石。黄鉄鉱が顔を出している　15cm

**交通**　JR紀勢本線紀伊田辺駅下車。龍神バス中辺路方面行きのバスに乗り近露バス停で下車。すぐ西。

砂岩　8㎝

砂岩　12㎝

黒い泥岩片を含む砂岩　15㎝

層状の砂岩　22㎝

砂岩を含む泥岩　25㎝

縞模様の砂岩　28㎝

川原の石の様子。黒っぽい石は泥岩、白っぽい石は砂岩。ほとんどこの2種類で構成されている

**流域の地質** ここより上流域に分布する岩石は、約5000万年前〜3000万年前の砂岩と泥岩です。これらの岩石は海溝に堆積した砂や泥が付加体として大陸縁に付加したものです。

**寄ってみよう 近露王子** 熊野詣の九十九王子社の1つ。北野橋のすぐ近くにあります。地名の由来は、花山天皇の熊野詣の折、箸がなく近くの萱の茎を折って箸にしようとしたとき、その茎の折れ口から赤い汁がしたったったのを見て、「これは血か露か」と尋ねたことに由来するといわれています。

♪柴山

# 有田川 Aridagawa

## 宮原橋 Miyaharabashi

有田市宮原町新町

有田川にかかる宮原橋近くの川原

　上の写真の川原付近はかつて熊野古道の渡し場があったところで、宮原の渡し場跡の碑が建てられています。有田川はこの付近では川幅が広く橋のない時代では渡るのが大変だったと思われます。ここから約7km下流へ行くと河口です。上流は高野町付近の約1000mの高さから流れ出し、94kmを流れ、この付近を通って紀伊水道に流れ込みます。

和歌山県

　この付近の川原に見られる石ころは大きさがこぶし大くらいかもう少し大きい程度のものが多く、観察には手ごろな大きさです。見られる石は砂岩やチャートが最も多く、そのほか緑色岩や凝灰岩、結晶片岩なども見つかります。中でも濃い茶色に白い斑点がある石は梅がちらほら咲いたようにきれいなため梅林石として飾られることがあります。この石は海底火山の火山灰が堆積したもので、白い斑点は方解石です。

"梅林石"と言われる凝灰岩　20cm

交通　JR紀勢本線紀伊宮原駅下車。まっすぐ南に進むと有田川の堤防に出ます。約500m上流へ行くと川原にでることができます。

緑泥石片岩　15cm

砂岩　12cm

珪質片岩　10cm

れき岩　15cm

チャート　10cm

チャート　12cm

チャート　8cm

石英片岩　12cm

いろいろな色をしたチャート

**流域の地質**　流域に分布する岩石は、約2億年前の中生代ジュラ紀の砂岩、泥岩やチャート、約1億3000万年前の中生代白亜紀の結晶片岩、約1億年前の変成を受けたチャートや約9000万年前の砂岩、泥岩などです。

**寄ってみよう　宮原の渡し跡**　宮原橋の北詰近くに碑が立っています。この付近にかつて熊野古道の渡し場がありました。

♪柴山

## 参考図書・文献

- ●『かわらの小石の図鑑』（1996年）千葉とき子・斎藤靖二　東海大学出版会
- ●『川原の石ころ図鑑』（2002年）渡辺一夫　ポプラ社
- ●『日本の石ころ標本箱』（2013年）渡辺一夫　誠文堂新光社
- ●『大阪の川原の石ころ』（2015年）川端清司・中条武司　大阪市立自然史博物館
- ●『石ころ博士入門』（2015年）高橋直樹・大木淳一　全国農村教育協会
- ●『ひとりで探せる海辺や川原のきれいな石の図鑑』（2015年）柴山元彦　創元社
- ●『関西地学の旅子ども編　鉱物・化石探し』（2016年）柴山元彦　東方出版
- ●『京の石－川原の石図鑑』（2017年）「京の石-川原の石図鑑」編集委員会　地学団体研究会
- ●『ひとりで探せる海辺や川原のきれいな石の図鑑2』（2017年）柴山元彦　創元社
- ●「高等学校の地学基礎で使用する岩石鑑定のためのマニュアルと授業の開発」（2018年）寺戸真・廣木義久　『地学教育』（70巻4号）日本地学教育学会
- ●「地質図NAVI」産業技術総合研究所ウェブサイト
  https://gbank.gsj.jp/geonavi/

# おわりに

　私たちは10年以上にわたっていろいろな川原で地学野外講座などを通して石ころやその中の鉱物の観察をしてきました。その場所は近畿地方の16河川、27か所の川原です。川によって石の種類が異なることや、同じ川でも場所によって石の組み合わせが変わったりすることがわかりました。川原は石を観察する絶好の場所です。そこで、さらに近畿地方の主要な川を手分けしてできるだけ調べて回ることにしました。その結果、本書に掲載したような35河川になりました。川原に出ることができる場所は河川改修などが進み意外と限られます。そのためできるだけ川原に出やすいところを選んで石の種類を集めてみました。川原は家族やグループで川遊びに出る場所でもあります。その際少しそこにある石ころにも目を向けてもらえたらうれしいです。

　本書をまとめるにあたり寺戸真氏には石の種類などについて原稿に目を通していただきました。濱崎実幸さんにはきれいなデザインを考えていただきました。東方出版の北川幸さんには多くの石の写真の整理や確認など編集作業には大変ご苦労をおかけしました。これらの方々に感謝いたします。

柴山元彦

| 編 著 者 | 柴山元彦 |
|---|---|
| | （理学博士／自然環境研究オフィス代表） |
| 執 筆 者 | 井上博司／柴山元彦／白石由里 |
| | 田井素雄／藤原真理 |
| 地図作成 | 白石由里 |

## 関西地学の旅⑫　川原の石図鑑

#### 2018年8月15日　初版第1刷発行

| 編著者 | ‥‥‥‥‥‥‥‥‥‥‥‥‥‥‥‥‥ | 柴 山 元 彦 |
|---|---|---|
| 発行者 | ‥‥‥‥‥‥‥‥‥‥‥‥‥‥‥‥‥ | 稲 川 博 久 |
| 発行所 | ‥‥‥‥‥‥‥‥‥‥‥‥‥‥‥‥‥ | 東方出版㈱ |
| | | 〒543-0062 大阪市天王寺区逢阪2-3-2 |
| | | Tel. 06-6779-9571　Fax. 06-6779-9573 |
| 印刷所 | ‥‥‥‥‥‥‥‥‥‥‥‥‥‥‥‥‥ | シナノ印刷㈱ |

装丁　濱崎実幸　　シリーズロゴ作成　森本良成

©2018 Motohiko Shibayama, Printed in Japan
ISBN978-4-86249-338-5

本書の全部または一部を無断で複写・複製することを禁じます。
落丁・乱丁のときはお取り替えいたします。